● 水稻机械化生产技术丛书

水稻机插侧深施肥

技术图解

张义凯 陈惠哲 等 著

中国农业科学技术出版社

图书在版编目（CIP）数据

水稻机插侧深施肥技术图解 / 张义凯等著. --北京：中国农业科学技术出版社，2023.6

ISBN 978-7-5116-6294-1

Ⅰ.①水… Ⅱ.①张… Ⅲ.①水稻栽培－施肥－图解 Ⅳ.①S511.062-64

中国国家版本馆CIP数据核字（2023）第 099191 号

责任编辑	周　朋
责任校对	王　彦
责任印制	姜义伟　王思文

出 版 者	中国农业科学技术出版社
	北京市中关村南大街 12 号　　邮编：100081
电　　话	（010）82109194（编辑室）　　（010）82109702（发行部）
	（010）82109709（读者服务部）
网　　址	https://castp.caas.cn
经 销 者	各地新华书店
印 刷 者	北京地大彩印有限公司
开　　本	148 mm × 210 mm　1/32
印　　张	2.375
字　　数	65 千字
版　　次	2023 年 6 月第 1 版　　2023 年 6 月第 1 次印刷
定　　价	22.00 元

《水稻机插侧深施肥技术图解》
著者名单

主　著：张义凯　陈惠哲

副主著：张玉屏　王志刚　向　镜

著　者（按姓氏笔画排序）：

王亚梁　王志刚　冯天佑　邢春秋

朱德峰　向　镜　李良涛　怀　燕

张义凯　张玉屏　张耿苗　陈文伟

陈叶平　陈永华　陈晓萍　陈惠哲

贾　伟　徐一成　曹雪仙

前言

PREFACE

全球约有50%的人口以稻米为主食，施肥量的增加为水稻产量的提高作出了重要贡献。在我国水稻生产中，普遍存在氮肥施用量大、追肥次数多、需要大量劳动力的问题。然而，目前农村劳动力紧缺，影响了水稻生产的效率和效益。水稻机械侧深施肥技术最早由日本学者提出，我国于20世纪90年代开始引进。近年来，在水稻机械化插秧的基础上，带侧深施肥装置的插秧机研发成功，可"插秧、开沟、侧深施肥"联合作业。随着插秧机的改良，并与施肥机配套，以及侧深施肥专用肥的开发，结合水稻的机械化高效种植，既可解决水稻生产中劳动力不足等问题，也可为机械化同步施肥提供支撑。该项技术大面积应用可节肥

10%～20%，提高氮肥利用率15个百分点以上，减少肥料施用次数1～2次，实现了绿色、节肥、增效，是现代稻作技术发展趋势。本书图文并茂地介绍了水稻机插侧深施肥技术特点、水稻机插侧深施肥装置、水稻机插侧深施肥专用肥料选择及施用、水稻机插侧深施肥作业、水稻机插侧深施肥存在的问题与对策。该书内容兼顾理论性和实用性，深入浅出，叙述翔实，适宜广大稻农和基层农业技术推广人员学习使用，也可供农业院校相关专业师生阅读参考。

感谢国家重点研发计划项目、浙江省"尖兵""领雁"重点研发攻关计划项目、中国农业科学院创新工程、国家水稻产业技术体系、水稻生物学国家重点实验室对本书出版的大力支持。本书所述内容如有不足之处，请读者提出建议，以便完善。

著　者

2023年5月

目 录

第一章　水稻机插侧深施肥技术特点

一、水稻传统施肥存在的问题

水稻是我国重要的粮食作物之一。目前，我国水稻的种植面积基本维持在3 000万hm²，稻谷总产量为20 000多万吨，水稻种植面积占我国粮食作物总种植面积的32%左右，稻谷总产量占粮食总产量的42%左右，全国半数以上人口的主食是稻米。肥料对保证粮食安全起着重要的作用，研究表明，化肥对粮食产量贡献率接近40%，但我国水稻生产中尚存在较多的施肥问题。

一是水稻肥料施用环节多，施肥方式落后，劳动量大。水稻高产栽培通常需施肥4次，包括基肥、分蘖肥、穗肥和粒肥。3次追肥时期皆为天气炎热的盛夏时节，人工作业效率低且辛苦。目前，水稻种植过程中常用的施肥方式一种是人工手撒，采用这种方式所施的肥料只会存在于地表，易随水一起流失；另一种方式是将肥料撒在地表，然后通过旋耕作业把地表的肥料混入泥土中，或者是在打浆作业前将肥料撒在地表，通过打浆作业将肥料混入泥土中（图1-1）。这些施肥方式的实际施用肥量都过大，而且手撒的肥料在田间分布得非常不均匀，会造成各个区域块的水稻长势出现较大的差异，这种差异会降低水稻的产量。

二是养分流失严重，生产、生态环境成本增加。水稻机插前须泡田整地（图1-2），之后为防止机械插秧出现大面积漂秧倒秧，要先进行放水，放水时会将大量含有肥料成分的水排入江河湖泊，带来新的水质污染问题。稻田施肥用量过大，肥料通过气态挥发、淋溶和径流等途径损失，引起大气质量恶化、水体硝酸盐污染和富营养化等环境问题。氮肥利用率仅35%左右，与发达国家的50%～60%相比差距很大，每千克氮素的水稻生产力不及产量水平相当的日本和韩国的1/2；磷肥利用率15%～20%；钾肥利用率17%～60%。目前，农业生产上大量施用的尿素是潜在氨挥发率较高的一种肥料，尿素表施后在脲酶作用下快速水解，其中，5%～40%的氮以氨挥发的形式损失。肥料表施减弱了土壤对养分的固定，特别是在水稻栽培中造成田面水养分含量增加，遇到强降水时，大量养分常通过径流损失方式进入水体，导致水体富营养化等环境污染。据估算，我国农田化肥氮素年损失量约174万t，农田径流带入地表水的氮素占人类活动排入水体氮的51%，施肥地区流水量比不施肥地区高3～10倍。因此，肥料的施用方式已成为水稻种植中急需解决的问题。

图1-1　底肥撒施作业

图1-2　泡田整地作业

二、水稻机插侧深施肥技术

氮肥深施是提高稻田氮肥利用效率的最有效途径，通过深施可以减少肥料与空气的接触，显著缩短养分向根系附近移动的时间，增加作物对养分的吸收利用，进而降低肥料氨挥发损失。日本、韩国等国家为防止肥料流失、保护环境，以及使插秧施肥作业同步实现高效省力，开发了插秧同步侧深施肥技术。目前，日本等国水稻生产基本实现机械化种植，以机插秧为主，大多采用机插侧深施肥技术，氮肥利用率高，并通过缓效性肥料开发，减少施肥次数，省工节肥，提高水稻生产效率。

（一）水稻机插侧深施肥技术概念

水稻机插侧深施肥技术是在插秧机上外挂侧深施肥装置，将基肥和分蘖肥一次性施入秧苗一侧（5.5±0.5）cm处耕层中，肥料与秧苗的水平距离为（5.5±0.5）cm。水稻机插侧深施肥技术改变了传统施肥基肥全层分布、分蘖肥表施的施肥方式，可满足当前水稻规模化种植的需求，还能减轻施肥劳作强度、降低劳动成本，详见图1-3。该技术通过侧深施肥缩小养分与水稻根系的距离，减少氮素损失，提高土壤供肥能力，促进植株养分吸收，提高产量。

（a）水稻机械化宽窄行插秧侧深施肥作业；（b）宽窄行示意；（c）施肥结构示意。

图1-3　水稻机插侧深施肥（宽窄行）

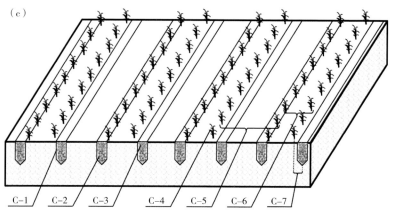

(c)

C-1　C-2　C-3　　C-4　　C-5　　C-6　　C-7

C-1.施肥沟；C-2.肥料；C-3.覆盖土；C-4.秧苗；C-5.宽行；
C-6.窄行；C-7.肥料与秧苗的水平距离。

图1-3　（续）

（二）水稻机插侧深施肥技术的发展

日本自1975年开始对侧深施肥进行研究，明确了侧深施肥技术有明显省肥增产作用。1981年以来，随着插秧机的改良配套及侧深施肥专用肥的开发，侧深施肥技术迅速推广，并不断得到充实和发展，与壮秧培育、新型肥料、水分管理、合理密植、病虫害防治等技术综合配套，进一步发挥了增产作用。1986年开发出侧深施肥专用肥；1992年侧深施肥面积达到20%；截至现在，侧深施肥面积为50%～70%。

侧深施肥技术是在全层施用基肥、表施追肥的基础上发展而来的。我国20世纪60年代在研究基肥全层施肥技术后，开展球肥深施试验，由于没有做到机械配套而未大面积推广。近年来，我国成功引进了日本水稻侧深施肥技术，开始在国内示范应用。机械化插秧同步侧深施肥技术，在水稻移植的同时，通过机械将肥料集中施在苗侧的土壤（距苗2.0～5.0 cm，土壤深度3.0～5.0 cm）上（图

1-4），可显著提高肥料利用率、促进水稻前期营养生长、降低成本，是现代稻作技术发展趋势。我国对于机械侧深施肥技术已开展了初步研究，但由于缺乏高效便捷的稻田深施肥的农业机械，稻田深施肥的研究进展比较缓慢。近年来，在水稻机械化插秧的基础上，通过引进及研发了带深施肥装置的插秧机，可"插秧、开沟、侧深施肥"联合作业。插秧机的改良并与施肥机配套，以及侧深施肥专用肥的开发，再结合水稻的机械化高效种植，既解决了水稻生产中劳动力不足等问题，也为机械化同步施肥提供了支撑。

图1-4 水稻机插侧深施肥技术

三、水稻机插侧深施肥的应用效果及优势

（一）机插侧深施肥技术的应用效果

俗话称"撒肥一大片不及一条线"。自机插侧深施肥技术推广以来，水稻增产效果明显，与使用传统施肥相比，表现出前期促进营养生长、水稻返青快、分蘖早而多、早熟、增产、减少环境污染等特点。从表1-1可得，机插侧深施肥比人工撒施增产7.6%，机插侧深施肥在减氮17%的情况下减产2.9%，与全量机插侧深施肥模式产量基本相当。与撒施相比，机插侧深施肥可以显著提高水稻的有

效穗数和穗粒数。在全国开展水稻机插侧深施肥技术的试验与示范点的研究结果，表明机插侧深施肥技术可以节省氮肥15%～20%，增产幅度为4.6%～8.9%（表1-2）。

表1-1 机插侧深施肥对水稻产量及产量构成的影响

试验处理	有效穗数/（10^4/hm^2）	每穗粒数/粒	结实率/%	千粒重/g	籽粒产量/（t/hm^2）
不施用氮肥	162.58	146.35	83.77	22.69	6.12
人工撒施	211.15	156.45	85.12	23.61	9.19
机插侧深施肥（全量）	228.60	159.52	85.12	23.06	9.89
机插侧深施肥（减氮17%）	220.50	156.17	85.59	22.73	9.60

表1-2 全国部分区域机插侧深施肥效果

地点	产量/（kg/hm^2）		施氮量/（kg/hm^2）		增产/%	减氮/%
	人工撒施	机插侧深施肥	人工撒施	机插侧深施肥		
浙江海盐	11 778.0	12 318.0	240.0	192.0	4.58	20.0
浙江诸暨	7 509.0	7 797.0	177.0	126.0	3.84	28.8
浙江嘉善	8 562.0	9 702.0	240.0	192.0	13.31	20.0
浙江富阳	10 531.5	11 467.5	210.0	172.5	8.89	17.9
浙江海宁	11 703.0	12 549.0	240.0	192.0	7.23	20.0
吉林前郭	7 883.6	9 321.6	150.0	100.0	18.20	33.3
吉林白城	9 743.6	10 464.6	100.0	75.0	7.40	25.0
江苏丹阳	9 884.5	10 673.5	330.0	262.5	7.98	25.0
平均	9699.40	10536.65	210.9	164.0	8.93	23.8

（二）水稻机插侧深施肥的优势

水稻机插侧深施肥技术之所以节肥、增产，是由机插侧深施肥技术的优势所决定的。通过以机械化侧深施肥为基础的整套栽培措施，可使水稻生长和土壤养分供应发生一系列变化，提高肥料利用率，促进水稻前、中期生长。

1. 肥料利用率高，促进稻田减排

机插侧深施肥技术可实现定位、定量、均匀地将肥料施入根系附近，肥料利用效率高。施肥的时候将肥料呈条状施于耕层中，距离水稻根系近，有效减少了肥料的淋失，提高土壤对养分的吸附，插秧排水不流失养分，减少肥料的浪费，减轻环境污染。机插侧深施肥技术显著降低肥料用量，减少稻田土壤 N_2O 和 CH_4 的排放。与传统表面撒施相比，机插侧深施肥可用节肥15%～20%，农学效率提高20%～30%（表1-3）。

表1-3　施肥方式和氮肥类型对水稻氮素利用的影响

试验处理	氮素干物质生产效率/（kg/kg）	氮素稻谷生产效率/（kg/kg）	氮肥吸收利用率/%	氮肥农学效率/（kg/kg）
表面撒施（尿素）	80.15	58.05	31.22	11.62
机插侧深施肥（尿素）	73.08	52.67	48.11	15.70
表面撒施（控释尿素）	71.92	54.46	41.28	13.93
机插侧深施肥（控释尿素）	64.89	46.85	63.49	16.87

机插侧深施肥要求在插秧的同时将肥料施于秧苗一侧2～5 cm、深3～5 cm的土壤中并加覆盖。肥料呈条状集中施于耕层苗侧，与水稻根系分布较近，利于根系吸收利用。同时，条施养分

集中，使土壤中肥料浓度较高，增加了吸收压力，使水稻吸收速度加快。从氮素的变化来看，机插侧深施肥在插秧2周后0～7.5 cm耕层的氮素占全量的80%。氮素利用率从30%提高到50%。从磷的施用来看，如磷肥表施于氧化层则与高价铁、锰等结合，生成难溶性物质而被土壤固定。机插侧深施肥则可将肥料施于还原层，减少了磷素的损失，因而提高磷肥的利用率。因此机插侧深施肥可节省速效化肥20%～30%，是一种经济有效的施肥方法。

2. 无效分蘖少，抗倒伏

机插侧深施肥肥料比较集中，水稻返青后可以直接吸收利用，有利于前期营养生长，水稻返青分蘖快、分蘖多（图1-5）。当水稻分蘖数达到预计茎数时，就可以提前适时搁田，这样可以控制无效分蘖，向土壤当中通气，保持根系活力，使茎秆强度增加，抗病、抗倒能力增加，保证地块水稻茎蘖数90%以上可以成穗。

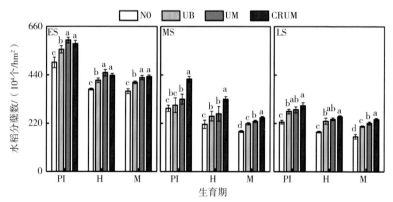

N0. 不施用氮肥；UB. 人工撒施；UM. 机插侧深+尿素；CRUM. 机插侧深+控释肥；ES、MS和LS分别表示早稻、中稻和晚稻；PI、H和M分别表示穗分化期、齐穗期和成熟期。

图1-5　不同施肥处理对水稻分蘖的影响

3. 精确施肥，秧苗早生快发

机插侧深施肥，根际周围单位面积内的养分浓度大，土壤中 NH_4^+-N 和 NO_3^--N 含量增加，可提高土壤供氮能力，促使植株吸收氮素，提高物质生产能力（图1-6）。耕层供肥充足，水稻返青后可以直接吸收利用，促进水稻分蘖早生快发；机械深层施肥，避免了常规施肥造成的肥料挥发、淋溶、排放浪费，减少对水源等生

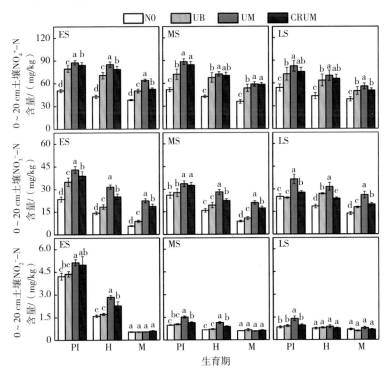

N0. 不施用氮肥；UB. 人工撒施；UM. 机插侧深+尿素；CRUM. 机插侧深+控释肥；ES、MS和LS分别表示早稻、中稻和晚稻；PI、H和M分别表示穗分化期、齐穗期和成熟期。

图1-6　不同施肥处理对稻田土壤 NH_4^+-N、NO_3^--N 和 NO_2^--N 含量的影响

态环境的污染。

水稻要高产稳产，重要的是促进前期营养生长，确保充足的茎数。用侧深施肥的方法，可使水稻根际氮素浓度较全层施肥方法提高5倍左右。因此机插侧深施肥可以解决因低温、冷水灌溉、稻草还田等所造成的早期生长营养问题，这是常规施肥难以做到的。实践表明，机插侧深施肥较常规施肥可使插秧后30 d的茎数多30%左右，且低位分蘖明显增多，株型整齐，抽穗期提前1～2 d，为确保茎数和穗的质量打下基础，提高产量。

4.叶色浓绿，叶面积指数高，光合能力强

使用机插侧深施肥技术的水稻前期营养充足，返青快、分蘖多，在低温年也可具有充足茎蘖数以及生物量，从而为高产稳产提供前提条件。在同等施肥水平下，使用机插侧深施肥的水稻较常规施肥分蘖数每穴多2～4株，叶色浓绿，叶面积指数高，叶绿素含量高，光合能力强；在生育后期，叶片衰老慢，光合效率较高（表1-4）。

在齐穗期至成熟期，机插侧深施肥处理的水稻叶片比人工撒施尿素处理的更绿，普通尿素掺混缓释尿素进行侧深施用处理的最绿（图1-7），与人工撒施相比，机械侧深施肥能够提高齐穗期水稻剑叶光合速率（图1-8），叶片不易早衰，最终能实现稳产甚至增产。

图1-7　不同施肥处理下田间灌浆中前期水稻叶色情况

表1-4　不同施肥处理下对水稻叶片SPAD值的影响

试验处理	移栽后20 d	穗分化期	齐穗期	齐穗后10 d
不施用氮肥	33.80	40.27	35.70	33.60
人工撒施	42.30	45.03	37.93	37.23
机插侧深施肥（全量）	42.13	46.37	41.60	41.30
机插侧深施肥（减氮17%）	42.30	43.47	40.03	39.07

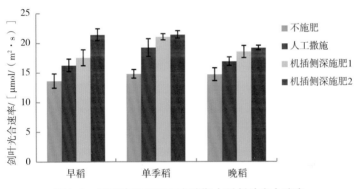

图1-8　不同施肥处理下齐穗期水稻剑叶光合速率

5. 高产、优质

由于机插侧深施肥可以促进水稻前期营养生长，低位分蘖多，早期确保分蘖数、穗数增多，倒伏减轻，结实率高，因此机插侧深施肥可增产，一般年份增产5%～10%。机插侧深施肥不仅增产，还可提高品质。由于前期确保充足的茎数、生育均匀、提早抽穗成熟，使水稻结实期积温相对较高，所以稻米品质较好，食味值比常规施肥增加10%左右。机插侧深施肥的稻米整精米率、碱消值和胶稠度明显增加，直链淀粉含量显著降低，在低温和条件较差地块更为明显（表1-5）。

表1-5 不同施肥处理对水稻稻米品质的影响

试验处理	糙米率/%	精米率/%	整精米率/%	碱消值/级	胶稠度/mm	直链淀粉/%
不施肥	80.9	71.0	49.4	5.6	75.7	20.7
人工撒施	82.6	72.3	49.3	4.6	64.0	20.5
机插侧深施肥1	82.2	72.1	46.6	5.5	74.3	20.1
机插侧深施肥2	82.8	73.6	57.8	6.8	73.0	17.0

注：品种为甬优1540，机插侧深施肥1为控释肥机插一次施肥（100% N），机插侧深施肥2为控释氮肥机插同步施肥70% N+穗期尿素追肥30% N。

6. 劳动成本低，实现增产增效

机插侧深施肥采用氮素缓释技术，返青分蘖不追肥，减少了人工作业次数，相比传统施肥减少了用工量，由原来的3～4次施肥，减少为1～2次，节约了劳动力投入成本（图1-9）。机插侧深施肥提高了肥料利用率，减少肥料投入，同时还解决了施肥过量与肥料利用率低、人工不足等困扰我国水稻生产的突出问题。此外，据大量调查数据表明，在同等施肥水平下，水稻机插侧深施肥较传统施肥穗长增0.4～0.8 cm、穗粒数增2～4粒、千粒重增0.1～0.2 g，平均增产6%～8%，增加效益1 500～2 250元/hm²。机插侧深施肥能显著增加水稻产量，从而实现增产增效的目的。

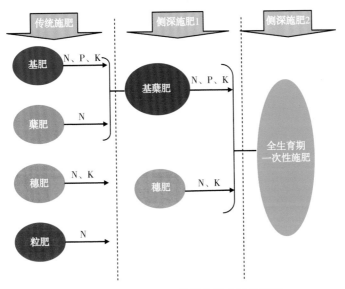

图1-9　水稻机插侧深施肥施用次数的变化

四、水稻机插侧深施肥工艺流程

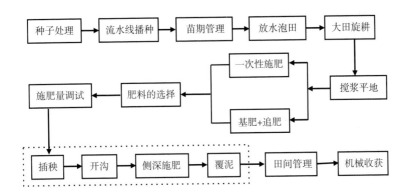

第二章

水稻机插侧深施肥装置

一、水稻侧深施肥装置（机）类型

日本自20世纪70年代起开始了水稻侧深施肥技术和配套装置的研究工作，久保田、井关、洋马等农机企业均针对各自生产的插秧机开发了系列产品，并应用在乘坐式插秧机上。据统计，已有50%以上的高速插秧机具备侧深施肥功能，其中8行插秧机中应用比例最高，占比为70%。截至2019年，日本机插侧深施肥水稻种植面积占比约70%（图2-1）。

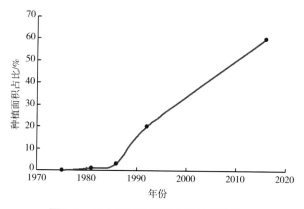

图2-1　日本侧深施肥插秧机的普及情况

　　国内对于侧深施肥技术的研究虽然较日本更早，但受限于当时的研发生产能力，相关技术模式并不成熟，侧深施肥效果无法保证，因而未能将该项技术推广开来，进展极为缓慢。20世纪末期，国内科研机构加大了研究力度，富来威、龙舟、永祥等农机企业相继推出带侧深施肥装置的高速插秧机。相关部门对侧深施肥装置（机）的各行排肥一致性、总排肥量稳定性和施肥均匀性变异系数等3项关键指标进行了测定，目前市场上的水稻侧深施肥装置主要机型的技术指标数据基本能符合农业农村部《水稻侧深施肥装置》（DG/T 105—2019）的规定。目前，市场上大面积应用的侧深施肥机如表2-1所示。

表2-1　市场上大面积应用的侧深施肥机

编号	生产企业	产品名称	机具型号
1	洋马农机（中国）有限公司	侧深施肥机	2FC-6
2	大同农机（安徽）有限公司	高速插秧机侧深施肥机	2FH-1.8A（FD6）
3	河北锦禾农业机械有限公司	高速插秧机侧深施肥机	2ZG-6
4	黑龙江龙格优农业机械有限公司	侧深施肥机	2FH-1.8
5	韩国豪山公司	侧深施肥机	HTO-6/8
6	久保田农业机械（苏州）有限公司	侧深施肥机	2FH-1.8A（FSPV6/8）
7	江苏沃得植保机械有限公司	施肥机	2FGC-6/8
8	南通富来威农业装备有限公司	侧深施肥机	2FC-6F
9	江苏东禾机械有限公司	施肥机（器）	2FH-6A（FPH600）
10	江苏东洋机械有限公司	高速插秧机侧深施肥机	2ZGQ-6（PD60-F）

（续表）

编号	生产企业	产品名称	机具型号
11	井关农机（常州）有限公司	施肥机	2FH-1.8A
12	延吉插秧机制造有限公司	水稻插秧机施肥器	2FS-1.8（Ⅲ）
13	常州亚美柯机械设备有限公司	侧深施肥装置	NA-630AM
14	湖北永祥农机装备有限公司	侧深施肥机	2FH-1.8AC（F6）
15	湖南龙舟农机股份有限公司	机插同步精量施肥机	2FH系列

水稻侧深施肥装置是侧深施肥技术应用的载体，是实现水稻精准施肥的关键部件。施肥装置对肥料排放的稳定性、均匀性起着重要作用，结构形式多样，适用于固体肥料，形态有所不同（表2-2），但当肥料含水率过大时均存在粘堵现象，易出现断条，影响施肥作业效果。而在侧深施肥装置中多以外槽轮式、螺旋式为主，为减少肥料堵塞，通常选用颗粒状肥料。依据施肥动力方式，可分为螺旋推进式和风送式。

表2-2　国内常用施肥装置对比

施肥装置类型	适用肥料形态	特点
外槽轮式	晶状、颗粒状	结构简单、排肥均匀性好
螺旋式	晶状、颗粒状、干燥粉状	排肥量小时，均匀性较差
转盘式	晶状、颗粒状、干燥粉状	结构复杂、排肥均匀性较差
水平星轮式	晶状、颗粒状、干燥粉状	排肥均匀性好

（续表）

施肥装置类型	适用肥料形态	特点
离心式	晶状、颗粒状、干燥粉状、易潮解粉状	排肥均匀性较差
振动式	晶状、颗粒状、干燥粉状、易潮解粉状	排肥稳定性和均匀性较差

（一）螺旋推进式侧深施肥装置

螺旋推进式侧深施肥装置采用螺旋式排肥器，包括螺杆排肥部件、安全销、动力输入心轴、施肥管等（图2-2），利用电机驱动螺杆完成肥料的纵向输送。该结构可以防止肥料堆积架空，提高肥料流动性，缓解了排肥口易堵肥、泥水易倒灌的问题，但是部分粉化受潮的肥料仍会黏附在螺旋叶片上，一定程度上影响肥料的顺利排放，部件可靠性也有待提高。目前，螺旋推进式侧深施肥机主要是有国内湖南龙舟等厂家进行生产。

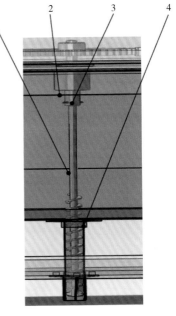

1. 螺杆排肥部件；2. 安全销；
3. 动力输入心轴；4. 施肥管。

图2-2　螺旋推进式排肥部件
结构示意图

（二）风送式侧深施肥装置

风送式侧深施肥装置或称气吹式侧深施肥装置，依靠气力输送系统将肥料排出，其气力输送系统包括鼓风机、风管、排肥管、排肥口等（图2-3）。排肥机构多采用槽轮式或转盘式排肥器，利用风机产生的风压为肥料输送提供空气动力，作业时，排肥器在机械传动驱动下，将肥箱中的肥料输送至排肥管中，在气流和自身重力的双重作用下，肥料颗粒沿着排肥管均匀下落至沟槽内，经浮船覆土板覆盖肥料于泥浆中，此时插秧机亦同步插秧，完成施肥、插秧两项作业。采用这种排肥方式所施的肥料呈连续性条状，目前应用最为广泛，然而当插秧机停止前进或转弯时仍会持续排肥，存在局部肥料过多的情况，对施肥精准性方面有一定影响。由于使用环境的影响，空气湿度较大，肥料极易发生潮解，潮解后的肥料流动性差，容易黏附在排肥管路上，甚至造成堵塞，不仅影响施肥均匀性，而且严重影响作业效率。目前，日本主要的几个农业机械公司，如久保田、井关、洋马等农机公司主要采用风送式侧深施肥装置，在日本应用较为广泛。

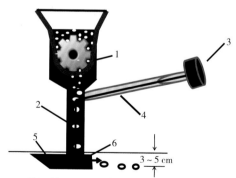

1. 排肥滚筒；2. 排肥管；3. 鼓风机；4. 风管；5. 开沟器；6. 排肥口。

图2-3　风送式侧深施肥机示意图

二、水稻侧深施肥装置结构

水稻侧深施肥装置一般采用一体化模块化整体式设计，基本结构主要由肥料箱（图2-4）、排肥管（图2-5）、肥量调节器（图2-6）、鼓风机（图2-7）等组成（以最为常见的风送式侧深施肥装置为例）。肥箱底座通过螺栓或其他连接紧固件固定在插秧机踏板上，底座一端用于固定风机，另一端支架用于固定驱动电机及控制器。肥箱采用轻质透明塑料肥箱，肥箱底部横截面形状顶部大底部小呈倒梯形状。

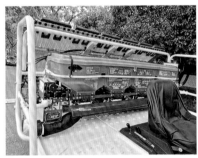

图2-4 肥料箱

图2-5 排肥管

图2-6 肥量调节器

图2-7 鼓风机

施肥装置采用电机驱动排肥、风送肥料，其工作原理如下：施肥作业时，车载控制终端设定目标施肥量，排肥驱动电机带动排肥轮转动进行排肥，鼓风机强制气吹输送肥料。施肥深度及肥料距秧苗之间的距离通过排肥口与滑动板之间的距离来进行调整。采用车辆行驶速度与排肥驱动电机转速实时匹配的施肥控制方法，根据插秧机作业速度实时控制施肥量。田间作业时，排肥口在秧苗侧边3 cm处划出一道深5 cm的矩形沟槽，排肥器排出的肥料在风力和重力的作用下，经风送输肥管、排肥管、排肥口，下落至已划沟槽的底部，最后，在覆土板作用下将肥料覆盖于沟槽中。

三、国内外水稻侧深施肥机

（一）国内侧深施肥机

经过对水稻侧深施肥相关技术的深入研究，国内相关企业也相继设计了一些具有自身特色的配套机具。图2-8为湖北永祥农机装备有限公司研制的2FH-1.8AC（F6）型侧深施肥机。该机型主要采用槽轮式排肥、气力输肥完成施肥。其主要特征：速度感应器向控制器提供车辆速度信息，控制器根据该信息自动调整播撒量；抬起（插植）感应器向控制器提供升降机构升降工作信息，控制器根据该信息自动启动或停止播撒。

图2-9为湖南龙舟农机股份有限公司研制的龙舟牌2FH型水稻插秧同步精量施肥机。该机型可以搭载在插秧机尾部，主要采用直流电机驱动，螺杆旋转强制排肥完成施肥，能将肥料均匀输送到泥沟底部，最后覆泥装置将肥料用泥土覆盖住。施肥机整个作业过程由微电脑自动控制，保证与插秧机插秧同步，同时配备有肥料箱缺肥报警系统和螺杆堵转报警系统。

图2-8　湖北永祥农机装备有限公司研制的2FH-1.8AC（F6）型侧深施肥机

图2-9　湖南龙舟农机股份有限公司研制的龙舟牌2FH型水稻插秧
同步精量施肥机

（二）国外侧深施肥机

图2-10为日本洋马公司（YANMAR）研制的2FC-6型侧深施肥机。该机型主要采用转盘式排肥、气力输肥完成施肥。其主要特征：2个独立肥料箱并排在驾驶员后方，肥料箱下端滚筒箱由上、下壳体扣合，独立肥料箱末端分别放置有肥料收集袋，可手动将独立肥料箱由中央向两侧抬起并完成清肥作业；滚筒箱内搅拌

落料，在气流作用下，可有效防止气料混合部位发生肥料堵塞问题；齿盘分料精量配肥，结合微调旋钮可无级调节施肥量。作业行数为6行，肥料箱容量78 L，施用直径2~5 mm固态类球状颗粒肥，施肥量调节范围为60~915 kg/hm²，搭载洋马YR60 d型乘坐式高速插秧机（图2-10）进行作业，施肥位置侧（50±10）mm、深（40±10）mm，配套作业效率0~0.55 hm²/h。

图2-10 日本洋马公司（YANMAR）研制的2FC-6型侧深施肥机

图2-11为日本久保田公司（Kubota）研制的2FH-1.8A型侧深施肥机。该机型主要采用带槽滚筒式排肥、气力输肥完成施肥。其主要特征：肥料箱整体位于驾驶员后方，肥料箱下端滚筒箱由上、下壳体扣合，滚筒箱内部带槽滚筒通过回转实现驱动排肥，可手动将肥料箱由前向后打开，完成清肥作业；气力输肥系统通

过鼓风机吸收发动机周围的热空气，以保证输肥管道内部气流干燥，一定程度上缓解了输肥管道内肥料潮解而造成的堵塞问题；通过把手转动和杆切方式无级调节施肥量。作业行数为8行，肥料箱容量73.5 L，施用直径为2 ~ 4 mm的固态类球状颗粒肥，施肥量调节范围150 ~ 900 kg/hm²，搭载久保田2ZGQ-8 d型乘坐式高速插秧机进行作业，施肥位置侧45 mm、深20 ~ 50 mm，配套作业效率0 ~ 0.42 hm²/h。

图2–11　日本久保田公司（Kubota）研制的2FH-1.8A型侧深施肥机

图2-12为日本井关公司（ISEKI）研制的2FH-1.8B型侧深施肥机。该机型主要采用带槽滚筒式排肥、气力输肥完成施肥。主要特征：2个独立肥料箱位于驾驶员两侧，增加了辅助加苗者的活动空间；肥料箱下端滚筒箱由上、下壳体扣合，滚筒箱内部带槽滚筒通过回转实现驱动排肥，可手动将独立肥料箱向两侧抬起并完成清肥作业；带槽滚筒呈两段交错式排布，一定程度上降低了带槽滚筒排肥时的脉动现象；通过把手转动和杆切方式无级调节施肥量。作业行数为6行，肥料箱容量60 L，施用直径为2 ~ 4 mm的固态类球状颗粒肥，施肥量调节范围90 ~ 750 kg/hm²，搭载井关PZ60-AHDRTFL型乘坐式高速插秧机进行作业，施肥位置侧45 mm、深50 mm，配套作业效率0 ~ 0.53 hm²/h。

图2-12　日本井关公司（ISEKI）研制的2FH-1.8B型侧深施肥机

图2-13和图2-14分别为韩国豪山公司（HOSAN）研制的HTO-6型侧深施肥机和韩国东洋公司（TYM）生产的2FC-8型侧深施肥机。两种机型结构与功能基本一致，主要采用带槽滚筒式排肥、气力输肥完成施肥。主要特征：肥料箱整体由3~4个子肥料箱组成，每个子肥料箱下端滚筒箱由上、下壳体扣合，滚筒箱内部带槽滚筒通过回转实现双行排肥，结构相对简单，并且可手动将独立肥料箱由前向后打开，完成清肥作业；施肥机底座可与多种不同品牌、不同型号的插秧机配套安装，通用性强，配套比率较高；通过把手转动和杆切方式无级调整施肥量。作业行数为6~8行，施肥量调节范围为60~960 kg/hm²，施用直径2~5 mm的固态类球状颗粒肥。

图2-13　韩国豪山公司（HOSAN）研制的HTO-6侧深施肥机

图2-14 韩国东洋公司（TYM）生产的2FC-8型侧深施肥机

第三章　水稻机插侧深施肥专用肥料选择及施用

一、水稻机插侧深施肥适宜肥料的选择

不同种类的肥料直接影响施肥效果，机插侧深施肥对肥料的种类、颗粒的大小都有较高的要求（表3-1），选择适宜肥料是该技术取得成功的关键。氮磷钾的营养成分和肥料粒径是肥料选择的重要指标。氮磷钾等主要营养成分比例合理，可以大幅减少人工施肥的次数及用工成本，与机插侧深施肥的水稻产量也有密切关系；另外，一般机械装备施肥对肥料的粒径有要求，合理粒径是保障机插侧深施肥顺畅排肥、实现精确施肥的重要保证。

1.适用于水稻机插侧深施肥的肥料特点

①所用肥料应为颗粒均匀、表面光滑的圆粒型，含水率低于12%，粒径为2～5 mm。

②不容易吸潮、不黏、不结块，吸湿率小于5%。

③粉状肥料混入较少，密度在0.8 g/cm³以上。

④硬度较大，颗粒强度>40 N（196 kPa以上），手捏不碎。

⑤各肥料成分密度均匀一致，掺混肥平均主导粒径（SGN）应在280～340，均匀度指数（UI）超过40，不同物料掺混时，UI值差别不超过15%。

机插侧深专用高氮缓控释肥如图3-1所示。

图3-1 机插侧深专用高氮缓控释肥

2. 不适用于水稻机插侧深施肥的肥料特点

不适用于机插侧深施肥的肥料（图3-2），主要有以下特点。

①一些吸潮速度快，易溶化，相互粘连的肥料。

②形状不规则，且混有大直径颗粒的肥料。

③颗粒直径太小，碾压易碎成粉末的肥料。

④颗粒直径较小，小于2 mm，容易导致排肥量不稳定的肥料。

图3-2 不适用于水稻机插侧深施肥的肥料

图3-2 （续）

目前从市场中收集了缓控释肥、水稻专用肥、复合肥、掺混肥料和控释肥等主流颗粒肥料10余种，研究分析了相关肥料的粒径特性，结果表明，所收集的肥料平均粒径在3~4 mm（图3-3、图3-4）。我国水稻机插期间常遇阴雨天气，高湿多雨，肥料稳定性是水稻机械施肥的重要保障。对所采集的肥料在25℃、90%湿度条件下放置6 h、12 h和24 h后，测定肥料的吸水率，结果表明，参试的肥料稳定性最好的是缓控释肥，其在24 h吸水率均在8%以下，相对比较稳定。

中化复合肥	
N-P$_2$O$_5$-K$_2$O	21-15-16
平均粒径/mm	3.44

<2 mm	2~5 mm	>5 mm
0.40%	94.91%	4.69%

新洋丰复合肥	
N-P$_2$O$_5$-K$_2$O	15-15-15
平均粒径/mm	3.37

<2 mm	2~5 mm	>5 mm
0.14%	99.86%	0.00%

万里神农复合肥	
N-P$_2$O$_5$-K$_2$O	15-4-6
平均粒径/mm	3.40

<2 mm	2~5 mm	>5 mm
0.54%	97.18%	2.28%

撒可富复合肥	
N-P$_2$O$_5$-K$_2$O	15-15-15
平均粒径/mm	3.38

<2 mm	2~5 mm	>5 mm
0.06%	99.38%	0.56%

图3-3 市场上主流缓控释肥的特性（1）

易迈施复合肥		
N-P$_2$O$_5$-K$_2$O		27-10-13
平均粒径/mm		3.34
<2 mm	2 ~ 5 mm	>5 mm
2.39%	96.41%	1.20%

惠多利复合肥		
N-P$_2$O$_5$-K$_2$O		21-8-18
平均粒径/mm		3.37
<2 mm	2 ~ 5 mm	>5 mm
1.04%	97.45%	1.51%

智膜星复合肥		
N-P$_2$O$_5$-K$_2$O		22-8-12
平均粒径/m		3.39
<2 mm	2 ~ 5 mm	>5 mm
0.21%	98.31%	1.48%

史丹利复合肥		
N-P$_2$O$_5$-K$_2$O		27-5-10
平均粒径/m		3.35
<2 mm	2 ~ 5 mm	>5 mm
1.10%	98.82%	0.08%

图3-3　（续）

茂施复合肥		
N-P$_2$O$_5$-K$_2$O		26-9-13
平均粒径/mm		3.38
<2 mm	2 ~ 5 mm	>5 mm
1.24%	96.38%	2.38%

永笑复合肥		
N-P$_2$O$_5$-K$_2$O		21-8-18
平均粒径/mm		3.37
<2 mm	2 ~ 5 mm	>5 mm
0.16%	99.84%	0.00%

心连心控释尿素		
N-P$_2$O$_5$-K$_2$O		43.2-0-0
平均粒径/mm		3.38
<2 mm	2 ~ 5 mm	>5 mm
0.87%	97.32%	1.81%

心连心水触膜尿素		
N-P$_2$O$_5$-K$_2$O		45-0-0
平均粒径/mm		3.37
<2 mm	2 ~ 5 mm	>5 mm
1.74%	96.13%	2.13%

图3-4　市场上主流缓控释肥的特性（2）

辽宁津大盛源掺混肥		
N-P$_2$O$_5$-K$_2$O		27-10-13
平均粒径/mm		3.36
<2 mm	2 ~ 5 mm	>5 mm
1.18%	97.78%	1.04%

鲁化复合肥		
N-P$_2$O$_5$-K$_2$O		18-18-18
平均粒径/mm		3.23
<2 mm	2 ~ 5 mm	>5 mm
3.75%	95.10%	1.15%

丰筑控释肥		
N-P$_2$O$_5$-K$_2$O		25-10-10
平均粒径/mm		3.39
<2 mm	2 ~ 5 mm	>5 mm
0.13%	98.30%	1.57%

雅苒复合肥		
N-P$_2$O$_5$-K$_2$O		15-15-15
平均粒径/mm		3.21
<2 mm	2 ~ 5 mm	>5 mm
6.65%	93.26%	0.09%

图3-4 （续）

二、水稻机插侧深施肥常用缓控释肥料

水稻机插侧深施肥一般采用缓控释肥料，这类肥料具有养分利用率高、肥效期长、节肥省工、环境友好等突出特征。缓控释肥通过包衣材料、抑制剂等各种调控机制来抑制养分的释放，以延长其释放周期，在施入土壤后养分释放缓慢，不易发生盐害，农学安全性好，可以满足作物生长的长期需求。缓控释肥按释放速率可以分为缓释肥和控释肥，其中缓释肥释放速度较快，土壤、水分、温度等因素对其影响较大，所以释放周期往往不易控制；而控释肥释放速率较慢，受自然条件影响小，养分释放规律稳定，肥效较长。

1. 脲醛缓释肥料

此类肥料主要是由尿素和醛类在一定条件下反应制得的有机微溶性氮缓释肥料。其中脲甲醛使用最为普遍，其主要成分

为不同链长的甲基脲聚合物，含氮量37%～40%。脲甲醛用活度指数（AI）表征其氮素有效性。AI>60%，释放时间2～4个月；30%<AI<60%，释放时间6～8个月；AI<30%，释放时间12个月以上。脲甲醛具有低溶性，其氮素释放通过土壤微生物降解进行。在生产上，大多用于配制各种脲甲醛长效复合肥和掺混肥，适用于各种作物。脲甲醛复合肥如图3-5所示。

图3-5　脲甲醛复合肥

2. 稳定性缓释肥料

此类肥料是经过一定工艺加入脲酶抑制剂，或硝化抑制剂，或控失剂等，使肥效期得到延长的一类含氮肥料。最常用的脲酶抑制剂有NBPT（N-丁基硫代磷酰三胺）、PPD（苯基磷酰二胺）、HQ（氢醌）。脲酶抑制剂主要负责抑制脲酶分子活性，减缓催化过程中占主导地位的巯基反应，有效抑制尿素分解进程。硝化抑制剂主要有DCD（双氰胺）、DMPP（3,4-二甲基吡唑磷酸盐）和2-氯-6-（三氯甲基）吡啶。硝化抑制剂能够对硝化细菌产生毒性，从而抑制土壤硝化细菌活性。控失剂主要是一种以天然和人工合成的高分子材料等为基础材料的复配产品，通过将控失剂直接添加到肥料生产过程的料浆中充分混合后生产的控失肥料，肥料强度大，不易吸潮。常见的稳定性缓释肥料控失尿素如图3-6所示。

图3-6　控失尿素

3.包膜控释肥料

此类肥料是传统的含有速效养分的可溶性肥料，在形成颗粒状或结晶后，将之覆一层保护性物质控制水的渗入，从而控制养分的溶解速度和释放速度（图3-7和图3-8）。在适宜的土壤温湿度条件下，其养分释放时间由保护性物质的成分和厚薄程度来控制，释放规律容易得到把握。目前市场上最多的包膜控释肥料主要是硫包衣尿素和树脂包衣尿素。

硫包衣尿素是由硫黄包裹颗粒尿素制成的一种控释肥料，尿素包膜后，用密封剂（蜡）喷涂封住包膜上的裂缝，最后是第三个涂层（硅镁土）。硫包衣肥料是最早被应用的包膜控释肥料，在施用至土壤后，能够给作物提供额外的硫元素，而且价格低廉，肥料制造简便。市场上多数硫包衣肥料的含氮量在31%~38%、含硫量在

13%～20%。

树脂包衣主要由有机或无机高分子材料制造成带有微孔的不透膜包覆在氮素颗粒表面上，包衣材料强度高，不易受外界影响。树脂包膜材料主要为热固性树脂或热塑性树脂。环氧树脂是一种热固性树脂，主要成膜材料为植物油、环氧树脂；聚氨酯也是一种热固性树脂，主要成膜材料为多异氰酸酯、聚醚多元醇，其残膜可降解。热塑性树脂的典型是聚烯烃，主要成膜材料为聚乙烯、聚丙烯，膜材需要溶剂溶解，因此包膜过程中需要回收溶剂。

图3-7　包膜控释尿素（60 d）　　图3-8　包膜控释尿素（90 d）

4. 缓/控释掺混肥

缓/控释掺混肥（图3-9）主要以控氮为核心，选用尿素或其他含氮原料进行控释处理，然后和其他速效原料肥掺混而成，具有配方灵活、工艺简单的特点，可以科学添加作物所必需的各种营养元素，能够满足测土配方施肥的需要。

掺混控氮型缓控释肥料，是指将缓控氮肥掺混在肥料中的各种作物控氮型专用肥。目前，我国缓控释氮肥大多数是树脂包膜尿素和硫加树脂包膜尿素，将包膜控释尿素按照一定比例均匀地掺混在复合肥或掺混肥料中。

掺混控氮、控钾型缓控释肥料，是指将缓控释氮肥、缓控释钾肥或缓控释氮钾肥掺混在肥料中的各种作物控氮、控钾型专用肥。生产中少量为控释磷肥和控释钾肥。磷肥在施入土壤后很容易发生固化，被土壤颗粒表面吸附住，或与Fe、Al、Ca等阳离子结合，形成无机态磷，降低了磷素有效性，其当季利用率极低，仅为施用量的10%~20%。同时，作物对磷的吸收主要集中于分蘖期，穗期主要是对前期吸收的磷的转运和再利用，因此控释磷肥利用方面较小。控释钾肥的制造成本很高，农作物生产中使用相对较少。

图3-9　缓/控释掺混肥

三、水稻机插侧深施肥专用肥料的施用

据各地对水稻收获物成分分析的结果，每生产100 kg稻谷，需从土壤中吸收氮（N）1.6~2.5 kg、磷（P_2O_5）0.6~1.3 kg、钾

（K_2O）1.4～3.8 kg，其比例为1：0.5：1.3。水稻除三要素外，吸收硅素的数量也很大。据分析，每生产500 kg稻谷，需吸收硅素85～100 kg，所以水稻高产栽培中，应施用秸秆堆肥或硅酸肥料，以满足水稻对硅素的需要。确定水稻氮肥总的施用量，一般用斯坦福（Stanford）的差值法，其公式为：

$$\frac{目标产量需氮量（kg/亩）-土壤供氮量（kg/亩）}{氮肥当季利用率（\%）}=施氮量（kg/亩）$$

某类型品种水稻亩产650 kg，每百千克稻谷吸氮量为1.80 kg，土壤供氮量为6.5 kg/亩，氮肥当季利用率为42.5%（高产氮素当季利用率以42.5%为标准），施氮量的计算公式如下：

$$\frac{6.5 \times 1.80-6.5}{42.5\%}=12.2（kg/亩）$$

作业前根据肥料中养分含量调节至施肥机的目标施肥刻度，并根据田间作业机械排肥量及时调节施肥刻度，确保合理机械施肥量。不同类型水稻目标产量及建议施氮量见表3-1。

表3-1　不同类型水稻目标产量及建议施氮量

水稻类型	目标产量/（kg/亩）	纯氮/（kg/亩）
双季早稻	500	9.0～11.0
双季晚稻	550	10.0～12.0
一季中稻（杂交籼稻）	600	11.0～13.0
一季中稻（粳稻/籼粳杂交稻）	650	13.0～15.0

1. 双季早稻侧深施肥方案

目标产量为500 kg/亩，全生育期总养分用量为9.0～11.0 kg N/亩、3.5～4.5 kg P_2O_5/亩、4.0～5.0 kg K_2O/亩，施肥方案见表3-2。

表3-2　双季早稻侧深施肥方案

方案	机插秧同步侧深施肥（插秧时）	追穗肥（插秧后30～35 d）
一次性施肥	缓控释肥24-12-11（缓效性N 60%控释60 d），施用量40～45 kg/亩，机插秧同步侧深基施，后期不追肥	
"基肥+追肥"施肥	21-15-16（缓控释N 30%～40%），施用量35～40 kg/亩，机插秧同步侧深基施	尿素5 kg/亩

2. 双季晚稻侧深施肥方案

双季晚稻目标产量550 kg/亩，全生育期总养分用量为10.0～12.0 kg N/亩、3.5～4.5 kg P_2O_5/亩、5.0～6.0 kg K_2O/亩，施肥方案见表3-3。

表3-3　双季晚稻侧深施肥方案

方案	机插秧同步侧深施肥（插秧时）	追穗肥（插秧后30～35 d）
一次性施肥	缓控释肥25-10-10（缓效性N 50%～60%，控释90 d），施用量40～50 kg/亩，机插秧同步侧深基施，后期不追肥	
"基肥+追肥"施肥	推荐肥料配方为22-10-12（缓控释氮30%～40%），施用量35～40 kg/亩，机插秧同步侧深基施	尿素5 kg/亩、氯化钾2 kg/亩

3. 一季中稻（杂交籼稻）侧深施肥方案

一季中稻目标产量600 kg/亩，全生育期总养分用量为11.0～13.0 kg N/亩、3.5～4.5 kg P_2O_5/亩、5.0～7.0 kg K_2O/亩，施肥方案见表3-4。

表3-4 一季中稻（杂交籼稻）侧深施肥方案

方案	机插秧同步侧深施肥（插秧时）	追穗肥（插秧后30～35 d）
一次性施肥	推荐肥料配方为28-10-12（缓效性N 50%～60%，控释90 d），施用量40～45 kg/亩，机插秧同步侧深基施，后期不追肥	
"基肥+追肥"施肥	推荐肥料配方为24-10-15（缓控释氮30%～40%），施用量35～40 kg/亩，机插秧同步侧深基施	尿素5 kg/亩

4. 一季中稻（粳稻/籼粳杂交稻）侧深施肥方案

一季中稻目标产量650 kg/亩，全生育期总养分用量为13.0～15.0 kg N/亩、3.5～4.5 kg P_2O_5/亩、6.0～8.0 kg K_2O/亩，施肥方案见表3-5。

表3-5 一季中稻（粳稻/籼粳杂交稻）侧深施肥方案

方案	机插秧同步侧深施肥（插秧时）	每亩追穗肥（插秧后30～35 d）
一次性施肥	推荐肥料配方为28-10-12（缓效性N 50%～60%，控释120 d），施用量45～50 kg/亩，机插秧同步侧深基施，后期不追肥	
"基肥+追肥"施肥	推荐肥料配方为24-10-15（缓控释氮30%～40%），施用量45～50 kg/亩，机插秧同步侧深基施	尿素5 kg/亩、氯化钾2 kg/亩

第四章 水稻机插侧深施肥作业

一、培育壮秧

1. 品种选择

选用适合本地区种植的优质、高产、抗倒、抗病性强的优良品种，单季稻可选的余地较大，早稻和晚稻要考虑机插秧龄短的问题，确保晚稻安全齐穗。长江中下游地区适宜品种如下。

①双季早稻：中组53（图4-1）、中嘉早17、金早47、湘早籼45、株两优819等。

②双季晚稻：天优华占（图4-2）、天优998、五优308、甬优2640、湘晚籼13等。

图4-1　中组53

图4-2　天优华占

③一季中稻：华浙优261（图4-3）、嘉丰优2号、嘉禾优7245（图4-4）、甬优1540、黄华占等。

图4-3 华浙优261

图4-4 嘉禾优7245

2. 营养土与基质的准备

选择土壤肥沃、中性偏酸、无残茬、无污染、无病菌的壤土，如耕作熟化的旱田土、黄泥土等。要求土质疏松、通透性好，土壤颗粒细碎、均匀，粒径在5 mm以下。床土按每盘4.5 kg准备。

底土可施10 g/盘左右的复合肥（$N：P_2O_5：K_2O=15：15：15$）；早稻机插秧壮秧剂用量在0.2%~0.3%；单季、连晚稻育秧壮秧剂用量在0.4%~0.6%。

营养土装盘，底土2.0~2.3 cm，盖土0.5~0.6 cm，盖种以不露种为准。营养土过少，机插秧块容易变形，导致漏秧；基质过厚，秧苗出土时容易闷死，出苗不均匀。水稻机插育秧基质（图4-5），可直接装入秧盘。

图4-5 育秧基质

3. 播种

浸种消毒推荐选用80%乙蒜素乳油1 500倍液或者25%咪鲜胺乳油1 500倍液、25%氰烯菌酯乳油2 000倍液浸种48 h。此外，用温汤浸种也可有效控制恶苗病，水温要控制在60℃，时间是15 min，浸种完毕后要迅速用自来水冲洗降温。流水线播种要求种子"破胸露白"，催芽后将种子置于室内摊晾4~6 h，达到内湿外干不粘手、易散落状态，手工播种的芽长不超过2 mm。

长江中下游地区双季早稻适宜播种期是3月下旬，常规稻100~110 g/盘，杂交稻80~90 g/盘。双季连晚适宜播种期是6月下旬至7月上旬，单季中稻适宜播种期是5月中下旬至6月上旬，常规稻80~90 g/盘，杂交稻70~80 g/盘。

4. 叠盘暗出苗

从播种到出苗是育秧中最关键的时期，可采用二段育秧方法。第一段：播种—出苗，一个育秧中心，集中控温控湿叠盘出苗。第二段：出苗—成秧，根据不同育秧场地摆秧。流水线播种（图4-6）后的秧盘，叠盘堆放，每20~25个秧盘一叠（图4-7），可配合专用的机插秧盘设备，如叠盘专用秧盘、摆放秧盘的托盘和运送托盘的叉车等设备（图4-8）。为保持叠盘及出苗效果，建议采用可叠机插育秧盘，规格有9寸盘（58 cm×28 cm×2.8 cm）或7寸盘（58 cm×23 cm×2.8 cm），该类型秧盘之间有可叠卡槽，叠盘效果和保水性能好，有利于种子出苗。可以在室内叠盘，用塑料薄膜、无纺布覆盖，有利于保湿。每叠最上面放置一张不播种的秧盘，只装营养土。

图4-6　流水线播种

图4-7　叠盘

图4-8　叠盘专用秧盘和托盘

5. 摆盘

叠盘放置48～72 h后，待芽长到0.5～1.0 cm时（图4-9）把秧盘转运到育秧点，可直接摆在秧板上，称为摆盘（图4-10）。秧板要求将沟泥糊平秧床后摆盘，确保秧盘底部与秧床间无缝隙，以防秧盘隔空导致秧苗脱水。早稻摆放在塑料大棚内，或秧板上搭拱棚保温保湿。单季稻和连作晚稻可直接摆秧田秧板育秧，摆盘后搭建拱棚，并用遮阳网或无纺布防暴雨和鸟害。

图4-9　叠盘出苗

图4-10　摆盘

6. 秧苗管理

摆盘结束时，及时上水浸没秧盘约1 h后排水；齐苗后要及时把遮阳网或无纺布揭掉；秧苗期（图4-11）要保持秧板湿润，不要灌深水，保持平沟水，落干后要及时补水。移栽前2~3 d排水，控湿炼苗，促进秧苗盘根，增加秧块拉力，便于卷秧与机插。追施送嫁肥和送嫁药，每盘施用尿素0.5 g，以1：100兑水洒施，农药可以选择吡虫啉和康宽等，做到带药带肥移栽。

图4-11　田间秧苗

7.壮秧的标准

壮秧的标准是根系发达、茎部粗壮、苗高适宜、叶挺色绿、青秀无病、均匀整齐（图4-12）。壮秧根系短、粗、白、多，盘结牢固，提起不散，能卷可叠。长江中下游地区早稻：3.1～3.5叶，苗高12～18 cm，秧龄25～30 d。长江中下游地区单季稻和晚稻：3.0～4.0叶，苗高12～20 cm，秧龄15～20 d。

图4-12　壮秧

二、机械耕整地

机插秧采用中小苗移栽，对大田耕整质量和基肥施用等要求相对较高。耕整质量直接关系到插秧机的作业质量。放水泡田之前先旱找平；泡田3～5 d，进行水整地，大田旋耕深度10～15 cm。

大田旋耕整地（图4-13）后，应达到的基本要求是：田面平整，田块内高低落差不大于3 cm，确保栽秧后寸水棵棵到；田面整洁，清除田面过量残物；泥土上细下粗，细而不糊，上软下实；移栽前需泥浆沉淀，砂土沉实1 d左右，壤土沉实2 d左右，黏土沉实3 d左右，达到泥水分清，沉淀不板结，水清不浑浊。软硬以用手指划沟分开合拢为标准，过软易推苗，过硬行走阻力大。

图4-13　旋耕整地

三、插秧同步施肥作业

1. 施肥量

按农艺（品种需肥量和土壤肥力）要求确定施肥量，建议较常规施肥量减少10%~15%。

2. 施肥方法

缓效性N低于30%、控释时间60 d以下的肥料可基、蘖肥同施。一般60%左右的氮肥侧深施入，其余40%用作中后期调节肥、穗肥、粒肥施用。磷肥和钾肥在土壤中的移动性比氮肥小，磷肥可一次性侧深施，钾肥侧深施50%、追肥50%。缓效性N高于60%、控释时间90 d以上的肥料可全生育期一次性施肥，氮磷钾各成分全部与插秧同步、做底肥一次性侧深施。

3. 装秧装肥

装秧苗前将秧箱移动到导轨的一端，再装秧苗。秧块要紧贴秧箱，不拱起，两片秧块接头处要对齐，不留间隙，必要时秧块与秧箱间要洒水润滑秧箱面板，使秧块下滑顺畅。装填肥料时，注意保持肥料干燥（图4-14）。

图4-14 装秧装肥

4. 调整排肥量

调整开沟器高度使施肥深度为5.0 cm，开沟器排肥口距秧爪侧向距离为3.0~5.0 cm。结合肥料特性和施肥方案调试施肥量（图4-15），测试实际施肥量以及每个排肥口的排量，一般测试距离不小于50 m。进行排肥检查（图4-16），根据测试结果修正施肥器，确保实际施肥量与目标施肥量吻合，且各行排量一致性良好。在田间作业时，施肥器、肥料种类、转数、速度、泥浆深度、天气等都可影响排肥量，要及时检查调整。

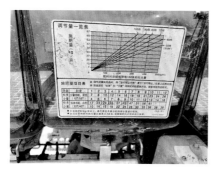

图4-15 调试排肥量

图4-16 排肥检查

5. 机插作业

机插作业（图4-17）前应先检查调试机械，插秧深度宜调整为"浅"档，保证秧苗不浮起即可；调整栽插株距、取秧量、深度，转动部件要加注润滑油，并进行5～10 min的空运转，要求各运行部件转动灵活，确保机械正常工作。机插侧深施肥机下田前应根据地块形状和转移地块时的行走路线合理选择下田位置，确定行走方向，尽量减少空驶和人工补苗作业量。

图4-17　机插作业

6. 排肥清理

机插作业完毕后要做排肥清理（图4-18）工作，排出剩余肥料，清扫肥箱，翌日加新肥料再作业，严防肥料潮解堵塞排肥口。肥料的排出应在平坦的场所进行。插秧结束后，要将相关设备清洗干净，干燥保管。

图4-18　排肥清理

7. 水分管理

机插后稻田宜采用浅湿干灌溉。机插后活棵返青期一般保持

1～3 cm浅水，秸秆还田田块在栽后2个叶龄期内应有2～3次露田；全田茎蘖数达到预期穗数70%～80%时，及时开沟排水搁田（图4-19）；拔节后间歇灌溉，开花结实期采用浅湿灌溉。

图4-19　开沟搁田

8. 后期追肥

由于生态、气候、土壤的差异，机插侧深一次性施肥模式以及"基肥+追肥"施肥模式都可能存在总肥量偏少的问题，幼穗分化期宜根据水稻生长情况使用便携式稻叶测氮仪进行叶片无损氮素诊断（图4-20），从而判断追施穗肥的量；或参照第四章的施肥量用肥，以喷雾式抛肥机撒施或人工撒施追肥（图4-21）。

图4-20　便携式稻叶测氮仪

图4-21　后期追肥

四、注意事项

①侧深施肥技术要求施用控释肥。当使用多种类型的混合肥料混合时，应按照现混现施的方式进行，避免肥料潮解出现排肥不均匀的现象，影响施肥质量。

②作业中严防急停，急停车易引起管道中流动的肥料集中在一处排出，导致局部施肥过量。

③防止高速启动，作业开始时，应慢慢平缓地起步，起步过快会造成肥料漏施。

④作业过程中应注意施肥是否顺畅，如遇堵塞及时排除故障。不准倒车，防止排肥口堵塞。

第五章　水稻机插侧深施肥存在的问题与对策

一、水稻秧苗细弱

1. 症状

育秧过程中，水稻秧苗生长过快，秧苗细弱（图5-1），叶片薄窄细长发黄，叶枕距变大，秧苗易感病发病。

2. 主要原因

秧苗细弱的原因有施肥过多、播种量过大，育秧期间湿度大、气温高等。种子浸种消毒不彻底，发生恶苗病，也会引起秧苗徒长。

3. 防治措施

①采用稀播匀播，降低播种量，防止单位面积内秧苗过密引起徒长。

②出苗后，加强秧田肥水管理，推迟秧苗上水时间，二叶一心期前秧板保持湿润就可，二叶一心期后采用浅水灌溉。

③早稻二叶期后晴天高温时要通风炼苗，防止高温引致烧苗和徒长，同时要严格控制断奶肥的用量。

④连作晚稻和单季稻根据品种特性，选用多效唑喷施，在一叶一心期合理喷施，矮化促蘖培育壮苗。一般秧苗常用剂量：晚稻秧田每亩用药200 g（15%可湿性粉剂），兑水100 kg；单季稻秧田每亩用药150 g，兑水75 kg。

图5-1　水稻秧苗细弱

二、田间水稻苗成行缺肥

1. 症状

水稻苗在田间出现成条状缺肥现象（图5-2）。

2. 发生原因

肥料堵塞农机或施肥不均匀。这可能是肥料吸湿结块导致的，如果肥料箱滚轴上的凹槽被肥料覆盖嵌满后受潮结块，就难以从装置中流出，会造成施肥不均匀。此外，水稻侧深施肥技术机手对技术掌握不好，遇到整地不平、田间有杂物的情况处理不当，常常会造成施肥口的堵塞。

3. 防治措施

选用氮磷钾比例合理、粒型整齐、硬度适宜、手捏不碎、吸湿少、不结块的配方肥或水田专用缓释控释肥料。要按照推荐的合理施肥用量，调节调整好排肥量档位，严防排肥口堵塞。同时，每天作业完毕后要清扫肥料箱、滚轴上的凹槽，第二天加入新肥料再作业使用。田地不实，插秧机下田后容易下陷，可以让田块沉实2~3 d后再作业，能防止陷机，阻塞肥料出口。一般使用农用机械最怕田脚深或深浅不一的田块，泥脚深度大于30 cm时要谨慎作业。发现肥料堵塞，应及时排除故障（图5-3）。在插秧施肥的过程中，需要注意查看肥料剩余量，适时添加肥料，避免出现漏施现象，若是在雨天环境下进行作业，肥料箱应注意防水，避免箱内肥料溶化。

图5-2　水稻成行缺肥

图5-3　肥料堵塞排除故障

三、机插侧深施肥倒秧

1. 症状

机插后成片秧苗倒伏，贴在稻田泥浆上（图5-4）。

2.发生原因

发生倒秧的原因主要是秸秆还田整地效果差时，机插侧深施肥机排肥管与田间秸秆勾连，导致已经插好的秧苗成片带倒；田块泥浆沉实时间较短，机械作业时造成壅泥，影响机插立苗，漂秧和倒秧严重。

3.防治措施

①提高整地质量。机插前提早2～3 d整地，待田面平整，且稻田泥浆沉实后机插。

②提高秸秆还田质量。全喂入收割机收获时将秸秆均匀抛撒覆盖地表，秸秆不积堆，秸秆长度8～10 cm；半喂入收割机收获时将秸秆切碎后均匀抛撒地表，秸秆长度5～10 cm。整地时用80～120马力（1马力≈735.5 W）拖拉机，配套加强型翻转犁进行翻地作业，深度要达到18～22 cm，不重不漏，地表10 m内高低差不超过10 cm，地表残茬不超过5%。放水泡田，水深没过耕层3～5 cm，泡田时间要达到5～7 d，埋茬搅浆平地时，必须配套带有滑切刀齿、耕作幅宽与拖拉机马力相匹配的水田埋茬搅浆平地机，平地作业2次，深浅水一致，整地深度12～15 cm，作业时水深控制在1～3 cm，作业结束后表面不外露残茬，沉淀5～7 d，达到待插状态。

图5-4 机插侧深施肥倒秧

四、机插侧深施肥种植后发苗慢

1. 症状

机插后秧苗叶片发黄，生长滞缓，秧苗新的叶片和分蘖发生迟缓（图5-5）。

2. 发生原因

整田质量差，高低不平，特别是连作晚稻田早稻草还田，稻草开始腐烂，与秧苗抢养分，使水稻秧苗生长缓慢；秸秆腐烂发出的气体会使水稻根系中毒发黄、发黑，影响水稻根系发育和吸收营养。

3. 防治措施

①提高机插整田质量，防止稻草还田对机插质量的影响，整田要平整、土壤要沉实，田表面不外露残茬。

②选用钵毯苗机插，提高机插秧苗返青适应性。

③进行秸秆还田的地块，秸秆腐烂过程中需要消耗一定量的氮素，在侧深施肥中应适当增施氮肥用量，加速秸秆腐烂，避免出现秧苗返青与秸秆腐解争氮现象。

④做好水层管理，浅、湿干湿交替。适时进行晾田，增加土壤透气性。

图5-5　机插侧深施肥种植后发苗慢

五、机插侧深施肥出现烧苗

1. 症状

机插秧苗移栽后叶尖焦枯，叶色浓绿，伴随着高温出现大片死苗（图5-6）。

2. 发生原因

①机插侧深施肥时，侧深施用基肥比例高，且选用的肥料是速效氮肥，引起一定的烧苗。

②秧苗细弱素质差，机插伤秧严重，导致机插秧后败苗。

3. 防治措施

①选择缓控释比例低（缓效性N低于30%）、控释时间短（低于60 d）的肥料，建议60%左右的氮肥侧深施入，其余40%用作中后期调节肥施用。磷肥和钾肥在土壤中的移动性比氮肥小，磷肥一次性侧深施，钾肥侧深施50%，追肥50%。

②培育壮秧，采用钵形毯状秧苗机插，提高秧苗素质，减少根系的伤害，保证机插质量。

③如果肥料已经施入，用大水浇灌水稻，让多余的肥料随着水流冲走，促进机插后缓苗。

图5-6　机插侧深施肥后烧苗

参考文献

范国灿，2018. 不同缓控释肥料对水稻秀水134产量和效益的影响. 浙江农业科学，59（10）：1785-1787.

李世发，刘元英，范立春，等，2008. 缓释肥对水稻生长发育及产量的影响. 东北农业大学学报（7）：38-43.

李子建，马德仲，2018. 应用侧深施肥技术实现水稻绿色安全生产的调查分析. 江苏农业科学，46（11）：48-51.

刘宝，车刚，万霖，等，2018. 洋马插秧机机械化侧深施肥装置改进设计. 农业科技与装备，5：5-6，9.

刘晓伟，陈小琴，王火焰，等，2017. 根区一次施氮提高水稻氮肥利用效率的效果和原理. 土壤，49（5）：868-875.

马昕，杨艳明，刘智蕾，等，2017. 机械侧深施控释掺混肥提高寒地水稻的产量和效益. 植物营养与肥料学报，23（4）：1095-1103.

聂军，郑圣先，戴平安，等，2005. 控释氮肥调控水稻光合功能和叶片衰老的生理基础. 中国水稻科学，3：255-261.

潘圣刚，莫钊文，罗锡文，等，2013. 机械同步深施肥对水稻群体质量及产量的影响. 华中农业大学学报，32（2）：1-5.

王强，姜丽娜，潘建清，等，2017. 长江下游单季稻一次性施肥产量效应及影响因子研究. 浙江农业学报，29（11）：1875-

1881.

王晓丹，向镜，张玉屏，等，2020.水稻机插同步侧深施肥技术进展及应用.中国稻米，26（5）：53-57.

王旭，张天山，刘懂伟，等，2016.长江中下游水稻种植影响因素及变化分析.现代农业科技，6：54-55.

魏海燕，李宏亮，程金秋，等，2017.缓释肥类型与运筹对不同穗型水稻产量的影响.作物学报，43（5）：730-740.

杨成林，王丽妍，2018.不同侧深施肥方式对寒地水稻生长、产量及肥料利用率的影响.中国稻米，24（2）：96-99.

杨成林，王丽妍，赵红玉，2017.侧深施肥对寒地水稻产量及肥料利用率的影响.广东农业科学，44（8）：61-65.

杨春蕾，袁玲，李英才，等，2013.南太湖流域控释包膜尿素对水稻产量及稻田氮素流失的影响.土壤通报，44（1）：184-190.

赵红玉，徐寿军，杨成林，等，2017.侧深施肥技术对寒地水稻生长及产量形成的影响.内蒙古民族大学学报（自然科学版），32（4）：347-352.

赵胜利，周凯，黄卫群，等，2015.缓释肥对机插稻生长发育及产量的影响.中国稻米，21（6）：91-93.

朱从桦，陈惠哲，张玉屏，等，2019.机械侧深施肥对机插早稻产量及氮肥利用率的影响.中国稻米，25（1）：40-43.

朱从桦，张玉屏，向镜，等，2019.侧深施氮对机插水稻产量形成及氮素利用的影响.中国农业科学，52（23）：4228-4239.

朱大伟，张洪程，郭保卫，等，2015.中国软米的发展及展望.扬州大学学报（农业与生命科学版），36（1）：47-52.

朱德峰，张玉屏，陈惠哲，等，2015. 中国水稻高产栽培技术创新与实践. 中国农业科学，48（17）：3404-3414.

朱德峰，张玉屏，陈惠哲，等，2019. 我国稻作技术转型与发展. 中国稻米，25（3）：1-5.

AN N, WEI W L, QIAO L, et al., 2018. Agronomic and environmental causes of yield and nitrogen use efficiency gaps in Chinese rice farming systems. European Journal of Agronomy, 93：40-49.

CHU G, CHEN S, XU C, et al., 2019. Agronomic and physiological performance of indica/japonica hybrid rice cultivar under low nitrogen conditions. Field Crops Research, 243：107625.

DING C J, YOU J, CHEN L, et al., 2013. Nitrogen fertilizer increases spikelet number per panicle by enhancing cytokinin synthesis in rice. Plant Cell Reports, 33：363-371.

HUANG M, YANG C L, JI Q M, et al., 2013. Tillering responses of rice to plant density and nitrogen rate in a subtropical environment of southern China. Field Crops Research, 149：34-36.

LI L, ZHANG Z, TIAN H, et al., 2020. Roles of nitrogen deep placement on grain yield, nitrogen use efficiency, and antioxidant enzyme activities in mechanical pot-seedling transplanting rice. Agronomy, 10：9-11.

LIU T Q, FAN D J, ZHANG X X, et al., 2015. Deep placement of nitrogen fertilizers reduces ammonia volatilization and increases nitrogen utilization efficiency in no-tillage paddy fields in central China. Field Crops Research, 184: 80−90.

LOPEZ L, LOPEZ R.J, REDONDO R, 2005. Nitrogen efficiency in wheat under rainfed Mediterranean conditions as affected by split nitrogen application. Field Crops Research, 94: 86−97.

SAVANT N K, STANGEL P J, 1990. Deep placement of urea super granules in transplanted rice: principles and practices. Fertilizer Research, 25: 1−83.

WANG X D, WANG Y L, XIANG J, et al., 2021. The nitrogen topdressing mode of indica-japonica and indica hybrid rice are different after side-deep fertilization with machine transplanting. Scientific Reports, 11: 1494.

ZHANG M, YAO Y L, ZHAO M, et al., 2017. Integration of urea deep placement and organic addition for improving yield and soil properties and decreasing N loss in paddy field. Agriculture Ecosystems & Environment, 247: 236−245.

ZHU C H, XIANG J, ZHANG Y K, et al., 2019. Mechanized transplanting with side deep fertilization increases yield and nitrogen use efficiency of rice in Eastern China. Scientific Reports, 9: 5653.

附 录 水稻机插同步侧深施肥技术规程
（DB 33/T 2413—2021）

1 范围

本标准规定了水稻机插同步侧深施肥的秧苗培育、耕整地作业、作业机械、肥料选择、机械种植、水肥管理等。

本标准适用于水稻机插同步侧深施肥。

2 规范性引用文件

下列文件中的内容通过文中的规范性引用而构成本文件必不可少的条款。其中，注日期的引用文件，仅该日期对应的版本适用于本文件；不注日期的引用文件，其最新版本（包括所有的修改单）适用于本文件。

GB/T 15063 复混肥料（复合肥料）

GB/T 23348 缓释肥料

HG/T 4215 控释肥料

NY/T 496 肥料合理使用原则 通则

NY/T 1534 水稻工厂化育秧技术规程

DB33/T 681 机插水稻盘式育秧技术规范

3　术语及定义

下列术语和定义适用于本文件。

3.1　侧深施肥 side deep fertilization

水稻机插作业时，采用与插秧机配套的侧深施肥装置同步完成开沟、施肥、覆泥等作业，实现在秧苗侧位土壤中定位、定量、均匀施肥。

3.2　水稻机插施肥一体机 rice transplanting and fertilizing combined machine

水稻机械化插秧与施肥同步的作业机械。

4　秧苗培育

4.1　选种育秧

选择通过国家或浙江省审定，适合不同稻区及季节种植的优质、高产、抗性好、适于机插的水稻品种。育秧的苗床准备、种子处理、播种及秧苗管理按NY/T 1534和DB33/T 681的规定。

4.2　秧苗标准

秧苗应根系发达、苗高适宜、茎部粗壮、叶挺色绿、均匀整齐，秧根盘结不散，无病害。早稻叶龄3.1叶～3.5叶，苗高12厘米～18厘米，秧龄25天～30天；单季稻和连作晚稻叶龄3.0叶～4.0叶，苗高12厘米～20厘米，秧龄15天～20天。

5 耕整地作业

5.1 机械耕整地

砂土移栽前1天～2天耕整，壤土移栽前2天～3天耕整，黏土移栽前3天～4天耕整，宜旱耕或湿润旋耕，犁耕深度12厘米～18厘米，旋耕深度10厘米～15厘米，宜秸秆粉碎还田、埋茬覆盖。采用水田耙或平地打浆机平整田面，沉田后达到机插前耕整地质量要求。耕整时结合施用腐熟有机肥，使肥料翻埋入土，或与土层混合。

5.2 耕整地要求

机械移栽前要求做到"平整、洁净、细碎、沉实"。耕整深度均匀一致，田块平整，地表高低落差不大于3厘米；田面洁净，无残茬、无浮渣等；土层下碎上糊，上烂下实；田面泥浆沉实达到泥水分清，沉实而不板结，机械作业时不陷机、不壅泥。

6 作业机械

6.1 机械选择

选择有侧深施肥和插秧功能的机插施肥一体机。在颗粒状肥料含水率不超过12%、颗粒直径2毫米～4毫米，肥料颗粒不互相粘结，以常用作业档速度作业时，施肥机应正常工作，排肥管不应发生堵塞。

6.2 机械准备

使用水稻机插施肥一体机前，机手应熟读使用说明书及安全使用须知，使用前全面检查与试运转，确保种植部和施肥部运转正常。明确所用机型正常田间作业条件下的各刻度对应的施肥量。

7　肥料选择

7.1　肥料准备

选择通过省级农业行政主管部门登记或备案认可，适合浙江省水稻生长的肥料产品，其复混肥料（复合肥料）、缓释肥料、控释肥料等应符合GB/T 15063、GB/T 23348、HG/T 4215的规定。

7.2　肥料特性

选用肥料的颗粒直径范围应在2毫米～4毫米。按GB/T 23348、HG/T 4215规定选择肥料的养分特性及释放规律。

7.3　施肥模式

选择适宜的机械化施肥模式，宜采用基肥侧深施用，并根据土壤肥力、水稻品种类型和季节，结合肥料种类及养分特性，合理追施。

8　机械种植

8.1　机械调试

作业前应先检查调试机械，插秧深度宜调整为"浅"档，保证秧苗不浮起即可；调整栽插株距、取秧量、深度，转动部件要加注润滑油，并进行5分钟～10分钟的空运转，要求各运行部件转动灵活，确保机械正常工作。

8.2　施肥量设置

不同类型水稻目标产量及施氮量见表1，其中早稻、晚稻和单季杂交籼稻的氮肥基肥和穗肥的比例宜8∶2，单季常规粳稻和籼粳杂交稻穗肥比例适当增加。作业前根据肥料中养分含量调节至施肥机的目标施肥刻度，并根据田间作业机械排肥量及时调节施肥刻度，确保合理机械施肥量。

表1　不同类型水稻目标产量及施氮量　　单位：kg/亩（667 m²）

水稻类型	目标产量	纯氮（N）
早稻	500	9.0 ~ 11.0
连作晚稻	550	10.0 ~ 12.0
单季常规粳稻	600	13.0 ~ 15.0
单季杂交籼稻	600	11.0 ~ 13.0
单季籼粳杂交稻	700	15.0 ~ 17.0

8.3　机械作业

8.3.1　装秧装肥

装秧苗前将秧箱移动到导轨的一端，再装秧苗。秧块要紧贴秧箱，不拱起，两片秧块接头处要对齐，不留间隙，必要时秧块与秧箱间要洒水润滑秧箱面板，使秧块下滑顺畅。装填肥料时，注意肥料不要淋上雨，保持肥料干燥，每天作业完，要清理干净肥箱、排肥器及输肥管内的残余肥料。

8.3.2　机插密度

根据水稻品种、栽插季节、插秧机选择适宜种植密度。单季杂交稻宜采用行距30厘米等距插秧机，株距16厘米 ~ 20厘米，每穴2株 ~ 3株，每亩1.1万穴 ~ 1.4万穴；单季常规稻株距11厘米 ~ 16厘米，每穴3株 ~ 5株，每亩1.4万穴 ~ 1.9万穴。双季稻机插宜采用25

厘米窄行插秧机，常规稻株距12厘米～16厘米，每穴3株～5株，种植密度每亩1.7万穴～2.2万穴；杂交稻株距14厘米～17厘米，每穴2株～3株，种植密度每亩1.6万穴～2.0万穴。

8.3.3　作业路线

机插施肥一体机下田前根据地块形状和转移地块时的行走路线合理选择下田位置，确定行走方向，尽量减少空驶和人工补苗作业量。

9　水肥管理

9.1　补苗补肥

机械作业完成后，应在机械无法插秧的区块进行人工补插与施肥，在大田中间进行补苗时无需另行施肥。

9.2　水分管理

宜采用浅湿干灌溉。机插后活棵返青期一般保持1厘米～3厘米浅水，秸秆还田田块在栽后2个叶龄期内应有2次～3次露田；全田茎蘖数达到预期穗数70%～80%，及时开沟排水搁田；拔节后间歇灌溉，开花结实期采用浅湿灌溉。

9.3　后期追肥

幼穗分化期宜根据水稻生长情况看苗施肥或叶色诊断施肥，选择肥料应符合NY/T 496的规定。

10　模式图

水稻机插同步侧深施肥技术模式图参见附录A。

附 录 A
（资料性附录）
水稻机插同步侧深施肥技术标准化模式图

图A.1给出了水稻机插同步侧深施肥技术标准化模式图。

	机械准备	技术操作规程			肥料选择	水肥管理
		秧苗培育	耕整地作业	机插施肥同步作业		
技术措施	选择符合国家标准、具有定量施肥和插秧功能的水稻机插施肥一体机。使用前，应熟读使用说明书及安全使用须知，使用前应全面检查与试运转，确保种植部和施肥部正常运转。	①选择适合不同稻区及季节机插，具有定量施肥和插秧种植多功能的水稻机插，通过国家或省审定的优质多抗高产品种；②按要求做好苗床准备、种子处理、播种及秧苗管理；③培育的秧苗应根系发达、苗高适宜、茎部粗壮、叶挺色绿，均匀整齐，秧盘根结不散。	①根据不同土壤类型提早耕整，倡早耕或湿润旋耕；②翻耕或结合施用有机肥等做底肥，翻耕时结合施用有机肥，使肥料翻埋入土，或与土层混合；③要求做到"平整、洁净、细碎、沉实"，机械作业时不陷机，不翻浑。	①移栽前调试插秧机，根据水稻品种、栽培季节选择适宜种植密度，调节好栽插株距，取秧量和机插深度；②根据不同季节及水稻需肥及施肥模式，确定基肥施用量，根据肥料的养分含量调节施肥刻度，确保基肥合理施用；③根据地块形状和移栽地块时的行走路线合理选择下田位置及行走路线，减少空驶和人工补苗作业量。	选择通过省级农业行政主管部门登记或备案认可，符合相关国家及行业标准。适合浙江省水稻生长的复混肥料、缓释肥料、控释肥料等。肥料颗粒直径范围应在2毫米～4毫米。	①在机械无法插秧的区块进行人工补插与湿润施肥；②采用浅湿干灌溉模式，加强稻田水分管理，幼穗分化、明根据水稻生长情况看苗施肥或叶色诊断施肥。
相关图片	缓控释掺肥	壮秧培育	机械耕整地	机插施肥作业路线 机插侧深施肥		施肥效果 田间水稻长势

图A.1 水稻机插同步侧深施肥技术标准化模式图